# BEI GRIN MACHT SICH IHR
# WISSEN BEZAHLT

- Wir veröffentlichen Ihre Hausarbeit,
  Bachelor- und Masterarbeit

- Ihr eigenes eBook und Buch -
  weltweit in allen wichtigen Shops

- Verdienen Sie an jedem Verkauf

## Jetzt bei www.GRIN.com hochladen
## und kostenlos publizieren

Anonym

# Übungsstunde zum Abschluss des Lernbereichs lineare Funktionen und Gleichungssysteme

## Stundenentwurf im Rahmen derLehramtsausbildung

GRIN Verlag

**Bibliografische Information der Deutschen Nationalbibliothek:**

Die Deutsche Bibliothek verzeichnet diese Publikation in der Deutschen National-
bibliografie; detaillierte bibliografische Daten sind im Internet über http://dnb.d-
nb.de/ abrufbar.

Dieses Werk sowie alle darin enthaltenen einzelnen Beiträge und Abbildungen
sind urheberrechtlich geschützt. Jede Verwertung, die nicht ausdrücklich vom
Urheberrechtsschutz zugelassen ist, bedarf der vorherigen Zustimmung des Verla-
ges. Das gilt insbesondere für Vervielfältigungen, Bearbeitungen, Übersetzungen,
Mikroverfilmungen, Auswertungen durch Datenbanken und für die Einspeicherung
und Verarbeitung in elektronische Systeme. Alle Rechte, auch die des auszugsweisen
Nachdrucks, der fotomechanischen Wiedergabe (einschließlich Mikrokopie) sowie
der Auswertung durch Datenbanken oder ähnliche Einrichtungen, vorbehalten.

**Impressum:**

Copyright © 2013 GRIN Verlag GmbH
Druck und Bindung: Books on Demand GmbH, Norderstedt Germany
ISBN: 978-3-656-82245-5

**Dieses Buch bei GRIN:**

http://www.grin.com/de/e-book/283011/uebungsstunde-zum-abschluss-des-lernbe-
reichs-lineare-funktionen-und-gleichungssysteme

**GRIN - Your knowledge has value**

Der GRIN Verlag publiziert seit 1998 wissenschaftliche Arbeiten von Studenten, Hochschullehrern und anderen Akademikern als eBook und gedrucktes Buch. Die Verlagswebsite www.grin.com ist die ideale Plattform zur Veröffentlichung von Hausarbeiten, Abschlussarbeiten, wissenschaftlichen Aufsätzen, Dissertationen und Fachbüchern.

**Besuchen Sie uns im Internet:**

http://www.grin.com/

http://www.facebook.com/grincom

http://www.twitter.com/grin_com

# Inhaltsverzeichnis

# 1. Bedingungsanalyse

## 1.1 Organisatorische und technische Rahmenbedingungen der Ausbildungsschule

Die ███████████ ist eine Mittelschule der ██████████ und befindet sich im Stadtteil Lößnig, umgeben von einem Neubaugebiet. Eine besondere Situation ergibt sich im Schuljahr 2012/2013 durch die Sanierung des Schulgebäudes und des damit verbundenen Umzuges in die Christian-Felix-Weiße-Schule (█████████████ ██████) nach ██████. Die Baumaßnahmen konzentrieren sich auf einen barrierefreien Ausbau der Sanitäranlagen und des Treppenhauses. Außerdem wird die Schule den heutigen Anforderungen gemäß modernisiert. Durch die Auslagerung ergeben sich natürlich Einschränkungen. So steht z.B. kein offizieller Werkraum zur Verfügung, da einige Sicherheitsauflagen hier nicht erfüllt werden.

An der ███████████ lernen momentan 315 Schülerinnen und Schüler, die von 30 Lehrerinnen und Lehrern in 15 Klassen unterrichtet werden. Das Kollegium wird zusätzlich durch zwei Schulsozialarbeiter und eine Bibliothekarin unterstützt. Im aktuellen Schuljahr wird die Klassenstufe 5 vierzügig, die Klassenstufe 6 dreizügig und übrigen Jahrgangsstufen zweizügig unterrichtet. Eine eigenständige Hauptschulklasse wurde nur in der 9. Jahrgangsstufe gebildet, ansonsten erfolgt der abschlussbezogene Unterricht ab Klasse 7 mit Hilfe einer äußeren Differenzierung in Form von Gruppenbildung in den Hauptfächern.

Seit dem Schuljahr 2007/2008 findet ausschließlich Blockunterricht statt. Daraus ergeben sich folgende Unterrichts- und Pausenzeiten:

| Stunde | Beginn | Ende |
| --- | --- | --- |
| 1. Block | 8:00 Uhr | 9:30 Uhr |
| 20 Minuten Pause | 9.30 Uhr | 9:50 Uhr |
| 2. Block | 9.50 Uhr | 11:20 Uhr |
| 15 Minuten Pause | 11.20 Uhr | 11:35 Uhr |
| 3. Block | 11:35 Uhr | 13:05 Uhr |
| 40 Minuten Pause | 13:05 Uhr | 13:45 Uhr |
| 4. Block | 13:45 Uhr | 15:15 Uhr |

Tab. 1: *Unterrichtszeiten*

Unsere Schule ist mit dem Qualitätssiegel Lions-Quest "Erwachsen werden" ausgezeichnet. Das Programm zielt auf die Förderung der sozialen und kommunikativen Kompetenzen von Schülerinnen und Schülern im Alter von zehn bis etwa 15 Jahren und leistet somit einen entscheidenden Beitrag zur schulischen Sucht- und Gewaltprävention sowie zur Berufsvorbereitung.

In der ▉▉▉▉▉▉▉▉▉ wird in jeder Pause, bis auf die 15 Minuten Pause nach dem zweiten Block, auf den Hof gegangen. Diese Hofpausen dienen einerseits zur Nahrungsaufnahme und andererseits zum Ausleben des natürlichen Bewegungsdranges. Die dadurch erreichte geistige Erholung dient zur weiteren effektiven Arbeit in den kommenden Blockeinheiten. Nach dem dritten Block haben die Schülerinnen und Schüler die Möglichkeit, an der Schulspeisung teilzunehmen oder auf dem Freigelände Mittag zu essen. Nach dem Unterricht besteht für die Schüler die Möglichkeit, das Ganztagsangebot der ▉▉▉▉▉▉▉▉▉▉▉ zu nutzen, welches neben der Freizeitgestaltung auch Hausaufgabenbetreuung und individuelle Förderung umfasst.

Die geplante Unterrichtsstunde für den zweiten Unterrichtsbesuch im Fach Mathematik beginnt am Mittwoch um 9.50 Uhr. Dies ist der zweite Block für die Klasse 8a und wird im Unterrichtsraum 102 im Haus 1 durchgeführt und ist das Klassenzimmer der Klasse 6b. Es sind dennoch fast alle für den Mathematikunterricht benötigten Materialien, wie z.B. Geodreieck, Tafellineal, Zirkel und Overheadprojektor vorhanden. Spezielle Materialien, wie z.B. Lochschablone, Sinuskurve oder Hohlkörper, müssten vor Unterrichtsbeginn organisiert werden.

**1.2 Analyse der Lerngruppe**

Bei der zu unterrichtenden Klasse handelt es sich um eine 6. Klasse im Alter von 11-12 Jahren. Insgesamt umfasst die Klasse 19 Schüler und Schülerinnen, wobei diese sich aufteilen in 11 Mädchen und 8 Jungen. Eine Schülerin, wird allerdings längerfristig nicht am Unterricht teilnehmen. Entsprechend dem Schulprofil gibt es in der Klasse 15 Schüler mit einer Bildungsempfehlung für die Mittelschule und 3 Schüler mit einer Bildungsempfehlung für das Gymnasium. Momentan tendiert die

Klasse dazu, dass alle Schüler nach der 6. Klasse weiterhin die Mittelschule besuchen werden, da die Leistungen nicht denen des Gymnasiums entsprechen.

Im bisherigen Verlauf des Schuljahres haben sich die Schüler der Klasse 6b im Fach Mathematik unterschiedlich stark entwickelt. Zu den leistungsstärkeren Schülern gehören ▬▬▬▬▬▬▬ sowie teilweise ▬▬▬▬▬▬▬. ▬▬▬▬▬▬▬ haben hingegen Probleme dem Unterrichtsstoff zu folgen. Besonders auffällig ist, dass diese zuletzt genannten Schüler mit den Grundrechenarten ihre Mühe haben. Betroffen davon ist vor allem das kleine Einmaleins. Eine ganz besondere Aufmerksamkeit benötigen in der Klasse ▬▬▬▬▬▬▬.

▬▬▬▬▬ ist ein Integrationsschüler und braucht demnach eine spezielle Förderung. Probleme zeigen sich vorwiegend im Sozial- und Arbeitsverhalten. So kann er kaum über einen längeren Zeitraum konzentriert arbeiten, vor allem dann nicht, wenn er mit unangenehmen Aufgaben konfrontiert wird. Schwierigkeiten hat ▬▬▬▬▬ hauptsächlich im mathematischen Bereich, denn hier hat er laut seiner Anamnese die größten Rückstände. In erster Linie betrifft dies die Grundrechenarten, sodass er nur schwer dem Unterrichtsstoff folgen kann. Man merkt aber auch, dass er bei der Bearbeitung von Aufgaben seines Schwierigkeitsgrades, durchaus gut mit arbeiten kann.

▬▬▬▬▬ hat ebenso wie ▬▬▬▬ große Schwierigkeiten mit den Grundrechenarten. Demnach fällt es ihr schwer dem Mathematikunterricht zu folgen. Weitere Probleme hat sie ebenso wie ▬▬▬▬ im Arbeits- und Sozialverhalten. Zudem hat sie kaum die Möglichkeit, die Unterrichtsinhalte zu Hause nachzuvollziehen, da sie das Tafelbild nur unzureichend in ihr Heft übernimmt. Außerdem ist der Hefteintrag oft verschmiert und Rechenwege sind nicht erkennbar beziehungsweise erst gar nicht übernommen worden. Dies trifft aber auch auf andere Schüler ▬▬▬▬▬▬▬▬ zu.

Ein großes Interesse am Fach Mathematik besitzen ▬▬▬▬▬▬▬▬. Sie beteiligen sich sehr lebhaft am Unterricht und können auftretende Probleme meist eigenständig lösen. Sie können sich über einen längeren Zeitraum gut konzentrieren und ausdauernd arbeiten. Neue (unbekannte) Aufgabenstellungen können sie häufig selbstständig bearbeiten. Sie sind auch immer wieder bereit, ihren Mitschülern auch ohne Aufforderung zu helfen.

Andere Schüler (██████████████████████████████) beteiligen sich eher selten am Unterrichtsgeschehen. Auch lassen sie sich leicht ablenken. Dennoch sind sie lernwillig und bereit sich anzustrengen. Dies gilt auch für ██████. Er beteiligt sich zwar lebhaft am Unterrichtsgeschehen lässt sich jedoch leicht ablenken und arbeitet oft sehr hastig und unkonzentriert.

██████████████████████████████ sind Schüler, die sich je nach Interesse im Unterricht einbringen. Sie melden sich häufig, geben jedoch oft eher unüberlegte Antworten. Bei Problemen lassen sie sich leicht entmutigen. Sie arbeiten meist hastig und unkonzentriert und beweisen wenig Durchhaltevermögen. ██████████ ██████ beschäftigen sich dabei auch oft mit unterrichtsfremden Dingen. Zudem bringen sie ihre angefangenen Arbeiten oft nicht zu Ende. In bestimmten Situationen haben sie auch Probleme, sich an vereinbarte Regeln zu halten. Ebenso haben sie Schwierigkeiten im Sozialverhalten. Bei Partnerarbeit beispielsweise fällt es ihnen schwer, ihren Partner zu helfen. ██████ lehnt es ab, mit bestimmten Schülern zusammen zuarbeiten. Dazu zählt auch ██████. Sie hat darüber hinaus auch große Probleme mit den Grundrechenarten. Außerdem bringt sie sich kaum in den Unterricht ein und meldet sich nicht bei auftretenden Problemen.

Meine mit dieser Klasse haben gezeigt, dass die Schüler besonders dann Probleme haben, wenn sie in den Erarbeitungsphasen zu frei arbeiten können. Findet hingegen ein Frontalunterricht oder ein stark geregelter „offener" Unterricht statt, arbeiten die Schüler gut mit. Demnach ist momentan eine reine offene Unterrichtsform in der Klasse kaum möglich. Stattdessen müssen sie langsam an diese herangeführt werden. In Übungsphasen haben die Schüler jedoch bereits gezeigt, dass sie in Partnerarbeit durchaus selbstständig arbeiten können.

# 2. Einordnung der Stunde in den Lernbereich

## 2.1 Tabellarische Lernbereichsplanung

Lernbereich 2: Lineare Funktionen und Gleichungssysteme

| Lernbereich 2: Lineare Funktionen und Gleichungssysteme | 26 Ustd. |
|---|---|
| Übertragen der Kenntnisse über Zuordnungen auf Funktionen | ↗ Kl. 6, LB 2 |
| - Darstellen unterschiedlicher funktionaler Zusammenhänge auch unter Verwendung des Computers | ↗ Kl. 7, LB 4 |
| | ⇒ informatische Bildung |
| - Funktion als eindeutige Zuordnung | |
| Kennen der Begriffe Argument und Funktionswert | |
| Beherrschen | $y = m \cdot x$ und $y = m \cdot x + n$ |
| - des grafischen Darstellens linearer Funktionen unter Beachtung der Parameter $m$ und $n$ | |
| - des zeichnerischen und rechnerischen Ermittelns von Nullstellen | |
| Anwenden des zeichnerischen und rechnerischen Lösens linearer Gleichungssysteme auf verschiedene Sachverhalte | Tarif- und Preisvergleiche |
| | Gleichungssysteme mit genau einer, mit keiner Lösung sowie mit unendlich vielen Lösungen |

[1] Lehrplan Mittelschule Mathematik. Dresden: Sächsisches Staatsministerium für Kultus, 2004/2009.

**Entwickeln von Problemlösefähigkeiten**

Die Schüler erfahren beim Lösen von Sachproblemen mit Hilfe von Gleichungen, Gleichungssystemen und Funktionen grundlegende Schritte des Modellierens:

- Modell bilden
- Operieren im mathematischen Modell
- Interpretieren der mathematischen Lösung mit Bezug auf den Sachverhalt

Sie nutzen die Problemlösestrategien Skizzieren und Zeichnen sowie tabellarisches Darstellen beim Aufstellen von Formeln und Gleichungen zu Sachproblemen. Die Schüler wenden Formeln an. Sie benutzen Hilfsmittel, wie Taschenrechner, Formelsammlung, Software sachgerecht und erkennen deren Stellenwert für das Problemlösen.

**Entwickeln eines kritischen Vernunftgebrauchs**

Sie nutzen mit linearen Funktionen und Gleichungssystemen weitere mathematische Mittel, um Alternativen abzuwägen und zwischen ihnen zu entscheiden.

**Entwickeln des verständigen Umgangs mit der fachgebundenen Sprache unter Bezug und Abgrenzung zur alltäglichen Sprache**

Die Schüler verwenden den Fachbegriff Funktion in Abgrenzung zur Umgangssprache für die Beschreibung von Realobjekten und Sachproblemen aus dem Alltag.

Die Schüler präsentieren zunehmend selbstständig Lösungspläne und stellen Lösungswege in nachvollziehbarer Form dar.

**Entwickeln des Anschauungsvermögens**

Die Schüler veranschaulichen lineare Wachstumsprozesse und Lösungsmengen linearer Gleichungssysteme im Koordinatensystem oder Tabellen. Sie erfassen Strukturen von Termen, Gleichungen und Formeln.

**Erwerben grundlegender Kompetenzen im Umgang mit ausgewählten mathematischen Objekten**

Die Schüler können mit linearen Gleichungen, Gleichungssystemen und Funktionen umgehen und sie zum Lösen von Sachproblemen nutzen.

| Thema/Inhalt | Std. | Lernzielebene | Methoden | Material, HA, Bemerkungen |
|---|---|---|---|---|
| Wiederholung direkte und indirekte Proportionalität<br>• Erstellen von Wertetabellen<br>• Bestimmen des Proportionalitätsfaktors<br>• Graphen zeichnen und auswerten – Wiederholung Koordinatensystem<br>• Erweiterung der Vorstellung der S., dass für m und x auch negative Werte zulässig sind | 2 | Übertragen | UG; SST (evtl. LaS) | Lehrbuch<br>Overheadprojektor |
| Funktion als eindeutige Zuordnung<br>• Darstellen unterschiedlicher funktionaler Zusammenhänge (auch mit Computer)<br>• Einführung der Begriffe Argument, Funktionswert, Definitionsbereich und Wertebereich<br>• Festigung und Anwendung der Begriffe bei verschiedenen funktionalen Zusammenhängen (Klimadiagramme; Briefporto u. ä.) | 2 | Übertragen<br><br>Kennen | UG; SST<br>Für Computereinsatz möglich: tutorial; Gruppenpuzzle<br>LV; SST | Lehrbuch<br>Overheadprojektor<br>Arbeitsheft<br><br>evtl. Computer |
| Funktionen y = mx;<br>• Erstellen von Wertetabellen<br>• grafische Darstellung<br>• Erkennen des Einflusses vom Anstieg auf den Verlauf des Graphen | 2 | Beherrschen | UG; SST | Lehrbuch<br>Overheadprojektor<br>Arbeitsheft |
| lineare Funktionen y = mx + n<br>• Erstellen von Wertetabellen<br>• Erarbeitung des Einflusses von m und n auf den Verlauf des Graphen<br>• Zeichnen der Graphen zunächst über Wertetabelle, dann über Steigungsdreieck<br>• zeichnerisches Ermitteln der Nullstellen<br>• Berechnen der Nullstellen<br>• Lösen praktischer Aufgaben zu linearen Funktionen | 7 | Beherrschen | UG; SST; Gruppenpuzzle | Lehrbuch<br>Overheadprojektor<br>Arbeitsheft |

9

| Thema/Inhalt | Std. | Lernzielebene | Methoden | Material, HA, Bemerkungen |
|---|---|---|---|---|
| Lösen linearer Gleichungssysteme<br>• zeichnerische Lösung (auch mit Tabellenkalkulation)<br>• rechnerische Lösung | 7 | Anwenden | LV; SST | Lehrbuch<br>Overheadprojektor<br>Arbeitsheft |
| Festigung; Komplexe Übungen | 3 | | LaS<br>• je Station 20 Minuten<br>• insgesamt 10 Stationen plus | Lehrbuch<br>Overheadprojektor<br>Arbeitsheft<br>Stationskarten |
| Wiederholung lin. Funktionen<br>Festigung lin. Gleichungssysteme<br>Komplexe Übungen | 2 | Beherrschen<br>Anwenden | • Offener Unterrichtsform in Form eines Laufdiktat<br>• Wer wird unser Millionär | Aufgabenkarten<br>(Differenzierte Übungen)<br><br>Beamer zur Präsentation „Wer wird unser Millionär" |
| Klassenarbeit | 1 | | | |

10

## 2.2 Inhalt und Ablauf der vorangegangenen und folgenden Stunde

Im vorangegangenen Block am Freitag wurde wie üblich mit einer täglichen Übung begonnen. Im Anschluss standen Sachaufgaben zum Thema lineare Gleichungssysteme im Vordergrund. Die Schüler erarbeiteten sich zunächst allein mathematischen Gleichungen aus einem Sachtext, um diese dann partnerweise zu lösen. Dabei standen geometrische Probleme, Zahlenrätsel sowie praktische Aufgaben im Vordergrund. Innerhalb dieser Stunde sollten die Schülerinnen und Schüler noch einmal Sicherheit im Aufstellen und Lösen von linearen Gleichungssystemen gewinnen und die Möglichkeiten zur Hilfe im Alltag erkennen. In den letzten 20 Minuten der Stunde dachten sich die Schüler für ihren Partner jeweils selbst ein Zahlenrätsel aus, welches es zu lösen galt. Hier waren die Kinder besonders motiviert, da sie selbst aktiv und kreativ arbeiten konnte. Zum Abschluss wurde vom Lehrer noch einmal auf die anstehende Klausur hingewiesen und mögliche Schwerpunkte genannt, um sich langfristig vorbereiten zu können.

Der Lernbereich der linearen Funktionen und Gleichungssysteme schließt im Anschluss dieser Hospitationsstunde mit einer Klassenarbeit ab. Der folgende Lernbereich wird das Thema Kreis und Kreiszylinder umfassen.

## 3. Fachwissenschaftliche Analyse[2]

Eine Funktion ist eine spezielle Form der Abbildung, bei der jedem Element der Urbildmenge genau ein Element der Bildmenge zugeordnet wird. Somit ist eine Funktion eine Relation, in der jedem Element der Menge A genau ein Element der Menge B zugeordnet ist.

$$,, f : \begin{cases} A \to B \\ x \to f(x) \end{cases}$$

$D(f) := A$ ist der **Definitionsbereich** von f.

$W(f) := \{f(a) \mid a \in A\} \subseteq B$ ist der **Wertebereich** von f.

**Funktionsgleichung**: $y = f(x)$ , **Funktionsterm**: $f(x)$

**Graph von f**: Menge der Punkte $(x, f(x))$ in der x, y - Ebene.

---

[2] Vgl. Vorlesung Prof. Dr. G. Berger (2005): *Differential- und Integralrechnung I*

lineare Funktionen:

Eine Funktion f: $\mathbb{R} \to \mathbb{R}$ heißt linear, wenn sie von der Form x $\to$ a + bx mit festen reellen Zahlen a, b ist. Ist b = 0, also f(x) = a für alle x $\in \mathbb{R}$, so nennt man f eine konstante Funktion (mit Wert a). Ist auch noch a = 0, also f(x) = 0 für alle x $\in$ R, so spricht man von der Nullfunktion. Ist a = 0, also f(x) = bx für alle x $\in \mathbb{R}$, so heißt f homogen-linear oder auch proportionale Zuordnung.

Homogen-lineare Funktionen, also proportionale Zuordnungen:

Wir betrachten Funktionen der Form f(x) = bx, wobei b eine Konstante ist. Der Graph ist jeweils eine Gerade durch den Ursprung.

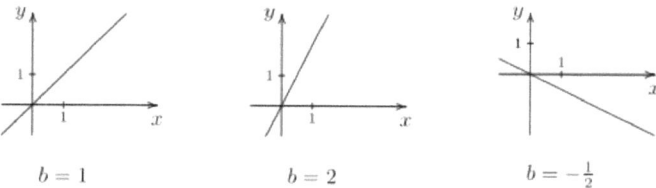

$b = 1$         $b = 2$         $b = -\frac{1}{2}$

Ist f(x) = b · x eine homogen-lineare Funktion, so nennt man b den Proportionalitätsfaktor (zumindest wenn b $\neq$ 0), und man spricht auch von proportionaler Zuordnung.

linear-inhomogene Funktionen[3]:

Unter linearen Funktionen wird ein Teilbereich der Funktionen an sich verstanden.

Man bezeichnet die Abbildung der Form $f : \mathbb{R} \to \mathbb{R}$ mit $x \mapsto ax + b$,

mit a,b $\in \mathbb{R}$ als lineare Funktion, also eine Polynomfunktion höchstens ersten Grades.

„Diese Form bezeichnet man auch als die *Normalform* einer linearen Funktion. Ihre Komponenten lassen sich wie folgt interpretieren:

- Die Zahl *a* gibt den linearen Faktor oder die Steigung der Geraden an.

---

[3] Wikipedia – lineare Funktion. http:// http://de.wikipedia.org/wiki/Lineare_Funktion (Zugriff am 11. November 2012)

- Die Zahl $n$ ist die Inhomogenität, der Ordinatenabschnitt, die Verschiebungskonstante oder der y-Achsenabschnitt.

Der Graph einer linearen Funktion kann niemals parallel zur y-Achse verlaufen, da sonst einem x-Wert mehrere y-Werte zugeordnet wären. Dies würde der Definition einer Funktion als eindeutige Zuordnung widersprechen."[4]

Lineare Gleichungssysteme[5]:

## 1.1. Struktur

**Def.1:** Ein **Lineares Gleichungssytem**, welches aus n Variablen (Unbekannten) und m Zeilen besteht hat folgende Gestalt:

$$a_{11}x_1 + a_{12}x_2 + \ldots + a_{1n}x_n = b_1$$
$$a_{21}x_1 + a_{22}x_2 + \ldots + a_{2n}x_n = b_2$$
$$\vdots$$
$$a_{m1}x_1 + a_{m2}x_2 + \ldots + a_{mn}x_n = b_m$$
(1.1)

bzw.

$$\sum_{k=1}^{n} a_{ik}x_k = b_i \quad (i = 1, \ldots, n)$$
(1.2)

bzw. mittels Matrizenschreibweise:

$$\underbrace{\begin{pmatrix} a_{11} & a_{12} & \cdots & a_{1n} \\ a_{21} & a_{22} & \cdots & a_{2n} \\ \vdots & \vdots & \ddots & \vdots \\ a_{m1} & a_{m2} & \cdots & a_{mn} \end{pmatrix}}_{A} \cdot \underbrace{\begin{pmatrix} x_1 \\ x_2 \\ \vdots \\ x_n \end{pmatrix}}_{x} = \underbrace{\begin{pmatrix} b_1 \\ b_2 \\ \vdots \\ b_m \end{pmatrix}}_{b}$$
(1.3)

Dabei bezeichnet:

- $a_{ik}$ - Koeffizenten (A - Koeffizentenmatrix)
- $x_k$ - Variablen oder Unbekannten
- $b_i$ - Absolutglieder ($b$ - Vektor der Absolutglieder)

Falls gilt.

$$b_1 = b_2 = \ldots = b_m = 0$$

, so nennt man das LGS **homogen** (m. a. W. b ist der Nullvektor), andernfalls **inhomogen**.

---

[4] Wikipedia – lineare Funktion. http:// http://de.wikipedia.org/wiki/Lineare_Funktion (Zugriff am 11. November 2012)
[5] Vgl. Vorlesung Prof. Dr. G. Berger (2005): Vorlesung Algebra

**Def.2:** Ist

$$G: \quad Ax \quad = \quad b$$

ein LGS dann bezeichet

$$L(G) \quad = \quad \{x \mid \text{x löst G}\} \qquad (1.4)$$

die **Lösungsmenge**.

## 1.2. Struktur der Lösungsmenge

**Satz 1:** Für jedes homogene LGS $H$ gilt:

(1) $(0, 0, \ldots . 0) \in L(H)$

(2) $x \in L(H) \wedge y \in L(H) \Rightarrow x + y \in L(H)$

(3) $x \in L(H) \wedge \lambda \in \mathbb{R} \Rightarrow \lambda x \in L(H)$

**Beweis:** Die Lösungsmenge eines homogenen LGS bilden zusammen mit der Addition eine abelsche Gruppe $(L(H), +)$. ∎

**Satz 2:** Die Lösung eines LGS $G: Ax = b$ setzt sich zusammen aus der

- speziellen Lösung $L(G)$ von $G$ und
- der allgemeinen Lösungen $L(G^{hom})$ des zugehörigen homogenen LGS $Ax = 0$

M. a. W. addiert man der speziellen Lösung $c$ des LGS $Ax = b$ die allgemeine Lösung $c_0$ von $Ax = 0$, so erhält man alle Elemente der Lösungsmenge von $Ax = b$

**Beweis:** Sei $c$ eine spezielle Lösung von $c_0$ die allgemeine Lösung von $Ax = b$ bzw. $Ax = 0$. Dann gilt:

$$\begin{aligned} A(c + c_0) \quad &= \quad A(c) + A(c_0) \\ &= \quad b + 0 \\ &= \quad b \end{aligned}$$

∎

## 1.3. Lösungsfälle und Lösbarkeitskriterien

**Def.3:** Unter **Elementaren Zeilenumformungen** versteht man

(i) Vertauschung zweier Zeilen (Spalten)

(ii) Multiplikation einer Zeile (Spalte) mit einem reellen Skalar $\lambda \neq 0$

(iii) Addition (des Vielfachen) einer Zeile (Spalte) zu einer anderen

**Satz 3:** Erhält man ein LGS $G^*$ durch elementare Zeilenumformungen eines LGS $G$, so ändert sich die Lösungsmenge nicht, d. h.

$$L(G) \quad = \quad L(G^*)$$

**Bem.:** Mittels dem **Gauß-Algorithmus** (Gaußschem Eliminierungsverfahren) überführt man ein LGS mittels elementaren Zeilenumformung in ein LGS in Zeilenstufenform.

**Satz 4:** Jedes LGS kann mittels elementarer Zeilenumforumung in *Zeilenstufenform* gebracht werden.

**Bem.:** Durch die Verwendung von *Matrizen* kann man beim Lösen von LGS Schreibarbeit sparen.

**Def.4:** Unter einer **m×-n-Matrix** versteht man ein rechteckiges Schema (mit m Zeilen und n Spalten):

$$\begin{pmatrix} a_{11} & a_{12} & \dots & a_{1n} \\ a_{21} & a_{22} & \dots & a_{2n} \\ \vdots & \vdots & \ddots & \vdots \\ a_{m1} & a_{m2} & \dots & a_{mn} \end{pmatrix} \tag{1.5}$$

**Bem.:** Die Matrix

$$\begin{pmatrix} a_{11} & a_{12} & \dots & a_{1n} & b_1 \\ a_{21} & a_{22} & \dots & a_{2n} & b_2 \\ \vdots & \vdots & \ddots & \vdots & \vdots \\ a_{m1} & a_{m2} & \dots & a_{mn} & b_m \end{pmatrix} \tag{1.6}$$

nennt man **erweiterte Koeffizentenmatrix**.

**Def.5:** Unter dem **Rang** $rg$ einer Matrix versteht man die Anzahl linear unabhängiger Zeilen (bzw. Spalten), d. h. die Anzahl der Stufen der in Zeilenstufenform gebrachten Matrix.

**Bem.:** • Zeilenrang und Spaltenrang einer Matrix sind identisch

• Den Rang einer Matrix erhält man durch Anwendung des Gauß-Algorithmus.

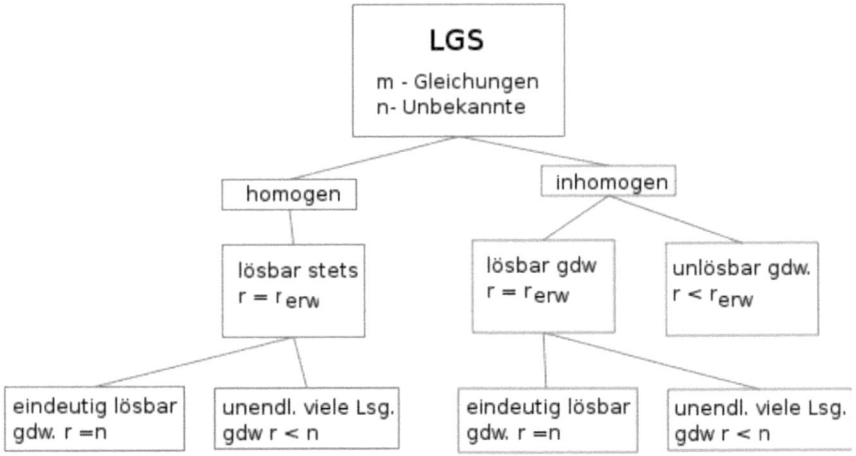

15

## 4. Fachdidaktische Analyse

Die Schüler stiegen in diesen Lernbereich mit dem Vorwissen aus Klasse 6 „Zuordnungen in der Umwelt" und dem Lernbereich 3 „Rationale Zahlen und Gleichungen" aus Klasse 7 ein[6]. In den darauf folgenden Einheiten wurden die lineare Funktion der Form $y = mx + n$ betrachtet. Die Erkenntnis, dass die bereits bekannte und in den letzten Stunden behandelte proportionale Funktion der Form $y = mx$ eine besondere lineare Funktion ist, fiel den Schülerinnen und Schülern nicht schwer. Die grundlegenden Fachbegriffe wie Argument, Funktionswert, Anstieg usw. können ebenfalls aus den vorangegangenen Einheiten vorausgesetzt werden. Die Schüler können selbstständig Wertetabellen erstellen und Graphen zeichnen, so wie grundlegende Eigenschaften von linearen Funktionen erläutern. Dabei werden nicht mehr nur möglichst einfache Koeffizienten gewählt, sondern alltägliche Wertepaare verwendet. Dies soll den Schülern vor allem den Realitätsbezug näher bringen. Durch Tarif- und Preisvergleiche wurde den Schülern das Thema der linearen Gleichungssysteme zunächst einmal näher gebracht. Die Lösungsmenge wurde dabei anfänglich noch zeichnerisch ermittelt, wobei in den fortgeschrittenen Einheiten die formale Lösung von Gleichungssystemen diskutiert wurde. Sachprobleme aus der Umwelt konnten im Anschluss in die Mathematik übertragen und gelöst werden, d.h. der Erwerb grundlegender Kompetenzen im Umgang mit ausgewählten mathematischen Objekten nimmt hier eine zentrale Rolle ein. Die Entwicklung eines kritischen Vernunftgebrauchs kommt vor allem in der Überprüfung der Lösbarkeit von linearen Gleichungssystemen zum Tragen. Gewonnene Erkenntnisse müssen interpretiert, abgewogen und auch beurteilt werden. Besonderen Wert innerhalb dieses Lernbereichs wurde auf die Entwicklung von Problemlösefähigkeiten gelegt. Wie gehe ich an eine Aufgabe ran? Welche Lösungsmöglichkeiten stehen mir zu Verfügung? Welche Hilfsmittel sind günstig? Dieses Rüstzeug haben sich die Kinder in den letzten Stunden zu einem großen Teil selbst erarbeitet und verstehen es immer besser, wie man alltägliche Probleme mit Hilfe der Mathematik lösen kann und welche Lösungsstrategien von Vorteil sind.

---

[6] Lehrplan Mitteschule Mathematik. Dresden: Sächsisches Staatsministerium für Kultus, 2004/2009.

## 5. Lernziele

Grobziele

- Schüler sollen Probleme aus ihrer Umwelt in die Mathematik übertragen und mögliche Lösungen finden
- Soziale Kompetenz und den Umgang untereinander verbessern

Feinziele

- Lösungsstrategien entwickeln (Aufstellen einer Gleichung; Varianten des Lösen eines Gleichungssystems ausprobieren)
- ihre jeweilige Lösungsstrategie anwenden und das Ergebnis in Hinblick auf die Problemstellung bewerten

## 6. Methodische Überlegungen

Die Unterrichtsstunde beginnt mit der Begrüßung und einem kurzen, informierenden Unterrichtseinstieg, welcher einen Überblick über die kommende Einheit liefern soll. Die TÜ wird als Arbeitsblatt ausgeteilt. Die letzte Aufgabe der TÜ wurde in Form eines Zahlenrätsels formuliert, welches bei den Schülern immer besondere Motivation weckt, dieses Rätsel zu lösen. Um in den Hauptteil der Stunde überzugehen, wird zunächst noch einmal die Methode einer Lerntheke vorgestellt. Jeder Schüler wählt eine Aufgabe aus einem der vier Aufgabenbereiche und bearbeitet diese partnerweise am Platz. (Es liegen jeweils 7 Blätter pro Aufgabentyp aus). Grün steht für eine etwas leichtere Anforderung, gelb repräsentiert einen mittleren Anspruch und rot umrahmte Aufgaben werden als Profiaufgaben betitelt. Ziel dieser Partnerarbeit sollte es sein, dass die Schülerinnen und Schüler in der Lage sind, sich gegenseitig zu unterstützen, Probleme zu diskutieren und mathematisch zu argumentieren. Wurde eine Aufgabenform gelöst, so müssen sich die Kinder im Klassenraum orientieren, wo sich die passende Lösung zur Aufgabe befindet. Die Lösungsblätter sind an verschiedenen Stellen, wie z.B. am Schrank, hinter der Tafel oder an der Wand im Klassenraum, angebracht. Dabei sind bewusst nicht alle Lösungen bei Aufgabe 3 ausführlich gelöst. Die Schülerinnen und Schüler sollen selbst ihre Methode finden, wie sie am besten solch ein Gleichungssystem bewältigen können. Die zusätzliche Bewegungsaufgabe beim Vergleichen soll nicht nur zur Auflockerung dienen, sondern den Kreislauf anregen und neue Energie freisetzen nach dem Prinzip des „Bewegten Unterrichts". Nachdem die Schüler ihre Lösungen mit dem möglichen Erwartungsbild verglichen, wird der Aufgabenzettel zurückgelegt und sich ein neuer Aufgabentyp vorgenommen. Ziel sollte es sein, mindestens 3 Aufgabentypen innerhalb der 60 Minuten zu bearbeiten. Diese freie Übungsphase soll den Schülern ermöglichen, noch einmal gezielt zu üben und vorhandene Schwächen gemeinsam zu überwinden.

Im letzten Teil der Stunde wird eine Ergebnissicherung durch das Spiel „Wer wird unser Millionär" eingesetzt. Das bekannte Fernsehmedium wird hier in den Mathematikunterricht übertragen und mit mathematischen Fragen zum Thema „Lineare Funktionen und Gleichungssysteme" verwendet. Hierdurch soll noch einmal ein Anreiz zur Vorbereitung auf die Klassenarbeit im kommenden Block geschaffen werden.
Zum Abschluss der Stunde möchte ich das Verhalten während dieses offenen Unterrichts noch einmal analysieren und ein Feedback darüber abgeben.

## 7. Verlaufsplanung

| Zeit | Inhalt/Stoff | Methodische Gestaltung |
|---|---|---|
| 09:50 | **Begrüßung, Überblick über den Unterrichtsblock** | - Lehrervortrag |
| 09:52 | **Tägliche Übung**<br>- siehe Anhang | - Aufgaben werden per Handzettel verteilt<br>- letzte Aufgabe auf Folie **(dient Übergang zum Stundenthema, soll zusätzliche Motivation schaffen, da in Rätselform)** |
| 10:07 | Vergleich tägliche Übung | - Lösungen werden von Schülern genannt, Lehrer-Schüler-Gespräch<br>- Übersicht über die Leistung: Wer hat wie viel richtig? |
| 10:12 | **Erklärung zum Ablauf der Stunde**<br><br>(Methode wird noch einmal kurz erklärt, Ablauf ist den Schülern aus vergangenen Stunden bekannt) | - Schüler setzen sich nach Erklärung in zweier Teams zusammen, dabei wird durch Lehrer gesteuert, das ein starker S. mit einem etwas schwächeren zusammen geht<br>- S. nehmen immer nur einen Aufgabenzettel mit an den Platz, es wird erst verglichen, wenn Aufgabe bearbeitet wurde! (Lösungen im Zimmer verteilt → Bewegung nötg) |
| 10:17 | Erläuterung des Farbschemas | - grün = leicht    gelb = anspruchsvoll    rot = Profi<br>- Lehrer steht während diese Unterrichtsabschnittes beratend zur Seite<br>- S. sollen sich selbst organisieren und untereinander helfen |
| 11:00 | **Zusammenräumen und Vorbereitung auf „ Wer wird unser Millionär"** | - S. räumen Tische auf, kommen zur Ruhe<br>- Kandidat ist mögliches Geburtstagskind oder wird vom Lehrer gewählt |
| 11:18 | **Reflexion der Stunde, Erfolg für Klassenarbeit wünschen** | |
| 11:20 | **Stundenende** | |

# 8. Anhang

## 8.1 Literatur

Lehrplan Mitteschule Mathematik. Dresden: Säschsiches Staatsministerium für Kultus, 2004/2009.

Prof. Dr. G. Berger (2005): Vorlesung Algebra

Griesel, H., Postel, H., vom Hofe, R. (2006). Mathematik heute. Lehrbuch für die Klasse 8 Realschulbildungsgang Sachsen. Braunschweig: Schroedel.

Griesel, H., Postel, H., vom Hofe, R. (2006). Mathematik heute. Arbeitsheft zum Lehrbuch für die Klasse 8 Realschulbildungsgang Sachsen. Braunschweig: Schroedel.
Homepage Lene-Voigt-Mittelschule Leipzig. Zugriff am 11. November 2012 unter http://www.lene-voigt-schule-leipzig.de

Wikipedia – lineare Funktion. http:// http://de.wikipedia.org/wiki/Lineare_Funktion (Zugriff am 11. November 2012)
.

## 8.2 Eidesstattliche Erklärung.

## 8.3 Tägliche Übung, Aufgabe 1-4 und „Wer wird unser Millionär"

### Tägliche Übung

1. An einer Wand mit Fliesen werden verschiedene Stellen ausgebessert.
   Welche Fläche ist am größten?

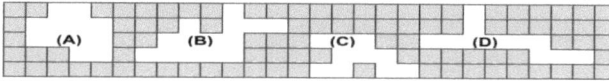

Antwort: (A) = 12  (B) = 14  (C) = 10  (D) = 11

2. 
a) $3(4x+2) = 12x+6$

b) $2+5(2-3x) = 12 - 15x$

c) $320 - 410 + 111 = 21$

d) Setze die richtigen Rechenzeichen!
   $7 \square 3 \square 5 = 20$
   Minus   Mal

3. Wie groß ist γ ?

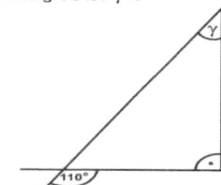

(Skizze nicht maßstäblich)

$\gamma = 20°$

4. In einer Figur stellt die dunkle Fläche nicht den gleichen Anteil dar.
   Kreuzen Sie die entsprechende Ziffer an.

   (1)    (2)    (3)    (4)    (5)
                        $\frac{2}{3}$

5. Ein Auto benötigt 45 l Benzin für eine Strecke von 500 km.
   Wie hoch ist der durchschnittliche Verbrauch auf 100 km?

   Antwort: Das Auto benötigt für 100km 9 Liter Benzin.

6. Rätsel:

Wenn ich vom Doppelten der ersten Zahl das Vierfache der zweite Zahl addiere, so erhalte ich 12. Subtrahiere ich vom Dreifachen der zweiten zahl die erste Zahl, so erhalte ich (-1). Welche beiden Zahlen sind gesucht? $x = 4$ ; $y = 1$

**Aufgabe 1**

1. Aufgabe: Trage folgende Punkte in ein Koordinatensystem ein. Ist die Zuordnung eindeutig, d.h. eine Funktion ?

   a) $P_1(-3|-1)$
     $P_2(-2|0)$
     $P_3(-1|1)$
     $P_4(0|2)$
     $P_5(1|3)$

2. Aufgabe: Vervollständige die Wertetabelle für Funktionen mit der Gleichung:
   a) $y = 2x$         c) $y = \frac{1}{2}x$
   b) $y = 2x + 3$    d) $y = -3x - 2$

|     | -4 | -3 | 0 | 1 | 2 |
|-----|----|----|----|----|----|
| a)  |    |    |    |    |    |
| b)  |    |    |    |    |    |
| c)  |    |    |    |    |    |
| d)  |    |    |    |    |    |

**Aufgabe 2**

Gegeben ist die Gleichung einer linearen Funktion $y = -2x + 4$

a) Zeichne den Graph der Funktion in ein Koordinatensystem.

b) Ließ die Schnittpunkte mit den Koordinatenachsen ab.

c) Berechne die Nullstelle der Funktion. Vergleiche mit dem abgelesenen Wert.

d) Die Funktion bildet mit den Koordinatenachsen ein Dreieck. Berechne den Flächeninhalt des Dreiecks.

23

**Aufgabe 3:**      <u>Löse mindestens DREI lineare Gleichungssysteme!</u>

a)    I: $4x - 8y = 32$
     II: $y = 7x - 17$

c)    I: $8x - 5y = -7$
     II: $4x - 2y = -6$

b)    I: $y = 20x - 9$
     II: $y = 9 - 16x$

d)    I: $x + 5y = -24$
     II: $2x + 4y = -12$

a)    I: $8x + 5y = 46$
     II: $4x + y = 26$

c)    I: $-7x - y = 55$
     II: $-9x - 3y = 69$

b)    I: $4x + 5y = 5$
     II: $3x - 3y - 51 = 0$

d)    I: $8a - 8b = 40$
     II: $4a - 8b = 44$

a)    I: $2(x + 3) = -6y$
     II: $-3(8+y) = -6x$

c)    I: $-9x - 2y = 6$
     II: $-36x - 8y - 12 = 0$

b)    I: $x + 4y = -34$
     II: $0,4x + 8y = -84$

1.) Wenn ich das Doppelte der ersten Zahl zur zweiten Zahl addiere, so erhalte ich 17. Wenn ich das Dreifache der ersten Zahl zum Doppelten der zweiten Zahl addiere, so erhalte ich 29.

2.) Regina ist 5 Jahre älter als ihre Schwester Hannah. In 20 Jahren ist sie doppelt so alt wie Hannah heute ist. Wie alt sind die beiden heute?

1.) Zu einem Tanzkurs erscheinen dreimal so viele Mädchen wie Jungen. Nachdem 15 Mädchen gegangen sind, sind noch doppelt so viele Mädchen wie Jungen da. Wie viele Jungen und Mädchen waren insgesamt anwesend?

2.) Ein Gastwirt bestellt für 1600 € Tische und Stühle für sein Lokal. Insgesamt sind es 54 Teile. Ein Tisch kostet 50 € ein Stuhl die Hälfte davon. Wie viele Tische wurden bestellt?

1.) Zwei Autofahrer A und B fahren von zwei Orten, die 370 km voneinander entfernt sind, einander entgegen und begegnen sich nach 4 Stunden.
Würde B eine halbe Stunde später abfahren als A, so wären sie 4 Stunden nach Abfahrt von A noch 20 km voneinander entfernt.

## Lösungen:

## Aufgabe 1

1. _Aufgabe:_ Trage folgende Punkte in ein Koordinatensystem ein. Ist die Zuordnung eindeutig, d.h. eine Funktion ?

   a) $P_1$ (-3 | -1)
   $P_2$ (-2 | 0)
   $P_3$ (-1 | 1)
   $P_4$ ( 0 | 2)
   $P_5$ ( 1 | 3)

2. _Aufgabe:_ Vervollständige die Wertetabelle für Funktionen mit der Gleichung:
   a) $y = 2x$          c) $y = \frac{1}{2}x$
   b) $y = 2x + 3$     d) $y = -3x - 2$

| | -4 | -3 | 0 | 1 | 2 |
|---|---|---|---|---|---|
| a) | -8 | -6 | 0 | 2 | 4 |
| b) | -5 | -3 | 3 | 5 | 7 |
| c) | -2 | -1,5 | 0 | 0,5 | 1 |
| d) | 10 | 7 | -2 | -5 | -8 |

## Lösung Aufgabe 1:

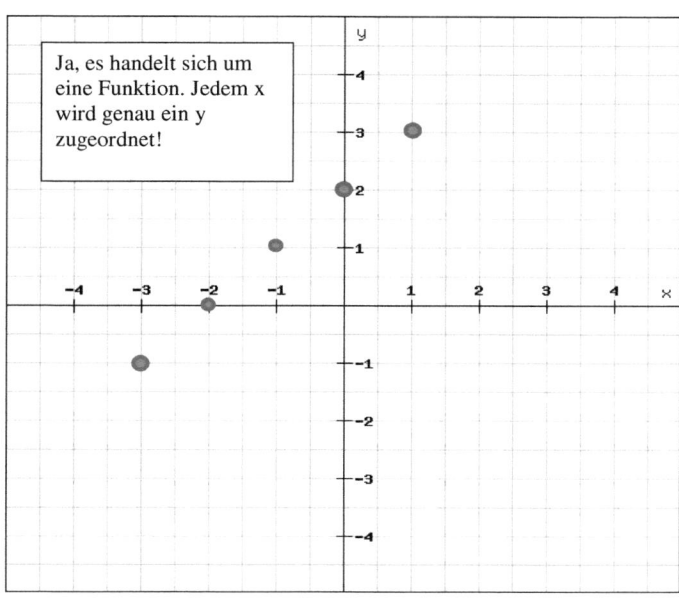

Ja, es handelt sich um eine Funktion. Jedem x wird genau ein y zugeordnet!

**Aufgabe 2**

**Gegeben ist die Gleichung einer linearen Funktion y = -2x + 4**

a) Zeichne den Graph der Funktion in ein Koordinatensystem.

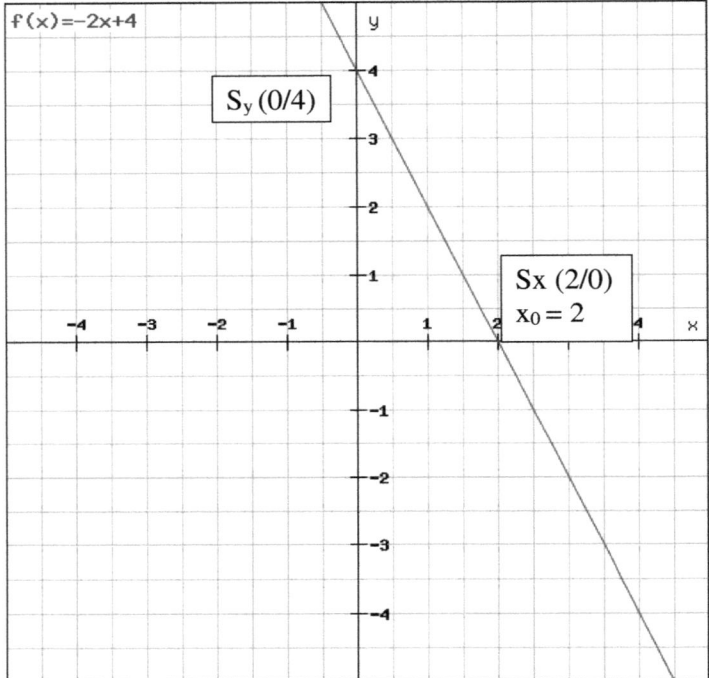

c) Berechne die Nullstelle der Funktion. Vergleiche mit dem abgelesenen Wert.

$$0 = -2x + 4 \qquad \text{I} +2x$$
$$2x = 4 \qquad \text{I} :2$$
$$\underline{x = 2}$$

d) Die Funktion bildet mit den Koordinatenachsen ein Dreieck. Berechne den Flächeninhalt des Dreiecks.

$A_{Dreieck} = \frac{1}{2} *$ Grundseite $*$ Höhe

$A_{Dreieck} = \frac{1}{2} * 2LE * 4LE$ \qquad LE = Längeneinheiten

$\underline{A_{Dreieck} = 4FE}$ \qquad FE = Flächeneinheiten

**Aufgabe 3:**    **Löse mindestens DREI lineare Gleichungssysteme!**

a)    I:  $4x - 8y = 32$
       II: $y = 7x - 17$

Lösung :
$4x - 8(7x - 17) = 32$
$4x - 56x + 136 = 32$          $| -136$
$\qquad -52x = -104$          $| : -52$
$\qquad\qquad x = 2$

x=2 in die zweite Gleichung eingesetzt:

$y = 7 \cdot 2 - 17$      $\underline{y = -3}$

$L = \left\{ (2/-3) \right\}$

c)    I:  $8x - 5y = -7$
       II: $4x - 2y = -6$

Lösung :  eine Gleichung nach y umstellen
$\qquad 4x - 2y = -6$      $| -4x$
$\qquad -2y = -6 - 4x$      $| : (-2)$
$\qquad y = 3 + 2x$

y in die erste Gleichung eingesetzt:

$8x - 5(3 + 2x) = -7$
$8x - 15 - 10x = -7$
$-2x - 15 = -7$          $| + 15 \ | : (-2)$
$\qquad \underline{x = -4}$

$x = -4$ in eine der
Ausgangsgleichungen einsetzen :
$4*(-4) - 2y = -6$
$-16 - 2y = -6$          $|+16 \ |: (-2)$
$\qquad \underline{y = -5}$

Lösungsmenge : $L = \left\{ (-4/-5) \right\}$

b)    I:  $y = 20x - 9$
       II: $y = 9 - 16x$

Lösung :
$20x - 9 = 9 - 16x$   $| +16x + 9$
$\quad 36x = 18$      $| : 36$
$\quad \underline{x = 0,5}$

x in die zweite Gleichung eingesetzt:

$y = 9 - 16 \cdot 0,5$
$\underline{y = 1}$

$L = \left\{ (0,5/1) \right\}$

d)    I:  $x + 5y = -24$
       II: $2x + 4y = -12$

Lösung :  $L = \left\{ (6/-6) \right\}$

a)    I: $8x + 5y = 46$
       II: $4x + y = 26$

       $L = \{ (7/-2) \}$

c)    I: $-7x - y = 55$
       II: $-9x - 3y = 69$

       $L = \{ (-8/1) \}$

b)    I: $4x + 5y = 5$
       II: $3x - 3y - 51 = 0$

       $L = \{ (10/-7) \}$

d)    I: $8a - 8b = 40$
       II: $4a - 8b = 44$

       $L = \{ (-1/-6) \}$

---

a)    I: $2(x + 3) = -6y$
       II: $-3(8+y) = -6x$

       $L = \{ (3/-2) \}$

c)    I: $-9x - 2y = 6$
       II: $-36x - 8y - 12 = 0$

       $L = \{ \ \}$   (keine Lösung)

b)    I: $x + 4y = -34$
       II: $0,4x + 8y = -84$

       $L = \{ (10/-11) \}$

**Aufgabe 4:**     **Löse mindestens 3 Rätsel!**

1.) Linda denkt sich zwei Zahlen aus. „Wenn ich das Doppelte der ersten Zahl zur zweiten Zahl addiere, so erhalte ich 17. Wenn ich das Dreifache der ersten Zahl zum Doppelten der zweiten Zahl addiere, so erhalte ich 29."

Lösung

(1) *Festlegen der Variablen*
Lindas erste Zahl:    x
Lindas zweite Zahl:   y

(2) *Aufstellen eines Gleichungssystems*
1. *Bedingung:* Wenn ich das Doppelte der ersten Zahl zur zweiten Zahl addiere, so erhalte ich 17.
1. Gleichung:        $2x + y = 17$

2. *Bedingung:* Wenn ich das Dreifache der ersten Zahl zum Doppelten der zweiten Zahl addiere, so erhalte ich 29.
2. Gleichung:        $3x + 2y = 29$
Damit erhalten wir das *Gleichungssystem*:

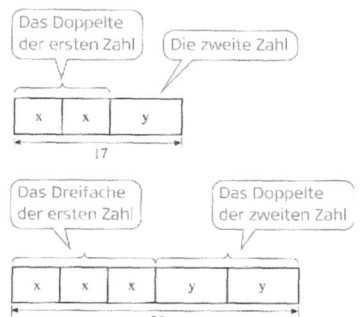

$$\begin{vmatrix} 2x + \phantom{2}y = 17 \\ 3x + 2y = 29 \end{vmatrix}$$

(3) *Lösen des Gleichungssystems:* Das Gleichungssystem hat die Lösung (5|7).

(4) *Probe am Aufgabentext:* Das Doppelte der ersten Zahl (2 · 5) und die zweite Zahl (7) ergeben zusammen 17. Das Dreifache der ersten Zahl (3 · 5) und das Doppelte der zweiten Zahl (2 · 7) ergeben zusammen 29.

(5) *Ergebnis:* Lindas erste Zahl ist 5, Lindas zweite Zahl ist 7.

2.) Regina ist 5 Jahre älter als ihre Schwester Hannah. In 20 Jahren ist sie doppelt so alt wie Hannah heute ist. Wie alt sind die beiden heute?

x: Alter von Regina heute
y: Alter von Hannah heute

$$
\begin{array}{llll}
& x = y + 5 & \wedge & x + 20 = 2y \quad [\text{x+20 ist das Alter von Regina in 20 Jahren.}] \\
\Leftrightarrow & x = y + 5 & \wedge & y + 5 + 20 = 2y \\
\Leftrightarrow & x = y + 5 & \wedge & 25 = y \\
\Leftrightarrow & x = 25 + 5 & \wedge & 25 = y \\
\Leftrightarrow & x = 30 & \wedge & y = 25 \\
& L = \{(30 \,|\, 25)\}
\end{array}
$$

Regina ist heute 30 Jahre alt, Hannah ist 25 Jahre alt.

1.) Zu einem Tanzkurs erscheinen dreimal so viele Mädchen wie Jungen. Nachdem 15 Mädchen gegangen sind, sind noch doppelt so viele Mädchen wie Jungen da. Wie viele Jungen und Mädchen waren insgesamt anwesend?

Lösung:

Sei M die Anzahl der Mädchen und J die der Jungen.

Dann ist: $M = 3J$
$M - 15 = 2J$

Als Lösung erhält man $3J - 15 = 2J \Rightarrow J = 15$.

Es waren 15 Jungen und 45 Mädchen anwesend.


2.) Ein Gastwirt bestellt für 1600 € Tische und Stühle für sein Lokal. Insgesamt sind es 54 Teile. Ein Tisch kostet 50 € ein Stuhl die Hälfte davon. Wie viele Tische wurden bestellt?

Lösung:

Bezeichne x die Anzahl der Tische und y die der Stühle.

Damit lässt sich ein LGS aufstellen:
$x + y = 54$
$50x + 25y = 1600$

Als Lösung erhält man $x = 10$ und $y = 44$.

Der Wirt hat 10 Tische und 44 Stühle bestellt.

1.) Zwei Autofahrer A und B fahren von zwei Orten, die 370 km voneinander entfernt sind, einander entgegen und begegnen sich nach 4 Stunden.
Würde B eine halbe Stunde später abfahren als A, so wären sie 4 Stunden nach Abfahrt von A noch 20 km voneinander entfernt.

## Lösung:

x: Geschwindigkeit von A, y: Geschwindigkeit von B

$4x + 4y = 370$
$4x + 3{,}5y = 350$

$L = \{(52{,}5/40)\}$

Geschwindigkeit von A: 52,5 km/h, Geschwindigkeit von B: 40 km/h

**Fragen zu „Wer wird unser Millionär"**

[1]
FZ1=Bei einer linearen Funktion y=mx+n, steht das m für den?

Antwort_1=0  y- Achsenabschnitt
Antwort_2=0  Funktionswert
Antwort_3=1  Anstieg
Antwort_4=0  Argument

[2]
FZ1=Der Graph einer linearen Funktion y=mx+n ist stets ein(e)

Antwort_1=0  Halbkreis
Antwort_2=0  Hyperbel
Antwort_3=0  Kurve
Antwort_4=1  Gerade

[3]
FZ1=Bei einer linearen Funktion y=mx+n, steht das n für den?

Antwort_1=0 Argument
Antwort_2=0 Funktionswert
Antwort_3=1 y- Achsenabschnitt
Antwort_4=0 Anstieg

[4]
FZ1=Bei einer linearen Funktion y=mx+n, steht das y für den?

Antwort_1=0 Argument
Antwort_2=1 Funktionswert
Antwort_3=0 y- Achsenabschnitt
Antwort_4=0 Anstieg

[5]
FZ1=Im Fall m > 0 ist eine lineare Funktion y=mx+n

Antwort_1=0 fallend
Antwort_2=1 steigend
Antwort_3=0 senkrecht
Antwort_4=0 weder steigend noch fallend

[6]
FZ1=Im Fall n > 0 schneidet eine lineare Funktion der Form y = mx + n die y-Achse

Antwort_1=1 oberhalb der x-Achse
Antwort_2=0 unterhalb der x-Achse
Antwort_3=0 gar nicht
Antwort_4=0 zweimal

[7]
FZ1=Im Fall n = 0 gilt für eine lineare Funktion y = mx + n

Antwort_1=0 Graph ist gleich der y-Achse
Antwort_2=0 Graph geht durch Punkte (0/1) und (1/0)
Antwort_3=0 schneidet keine Achse
Antwort_4=1 Graph geht durch Koordinatenursprung

[8]
FZ1=Im Fall n < 0 schneidet der Graph einer linearen Funktion y = mx + n die y-Achse

Antwort_1=0 oberhalb der x-Achse
Antwort_2=1 unterhalb der x-Achse
Antwort_3=0 gar nicht
Antwort_4=0 zweimal

[9]
FZ1=Durch welche Quadranten des Koordinatensystems verläuft die Funktion y = x ?

Antwort_1=0 den 1. und 2. Quadranten
Antwort_2=1 den 1. und 3. Quadranten

Antwort_3=0  den 4. und 2. Quadranten
Antwort_4=0  den 3. und 4. Quadranten

[10]
FZ1=Stelle die Gleichung y + 3x = 17 nach y um!

Antwort_1=0  y = 3x + 17
Antwort_2=0  y = -17 - 3x
Antwort_3=1  y = -3x +17
Antwort_4=0  y = 3x - 17

[11]
FZ1=Wie bestimmt man unter anderem den Schnittpunkt zweier linearen Funktionen ?

Antwort_1=0  Umkehrfunktion
Antwort_2=0  keine Ahnung
Antwort_3=0  geht nicht
Antwort_4=1  Gleichsetzungsverfahren

[12]
FZ1=Liegt der Punkt (1/3) auf der Funktion y = 2x + 1 ?

Antwort_1=0  nein
Antwort_2=0  keine Ahnung
Antwort_3=1  ja
Antwort_4=0  geht nicht

[13]
FZ1=Liegt der Punkt (3/14) auf der Funktion y = 6x - 3 ?

Antwort_1=1  nein
Antwort_2=0  keine Ahnung
Antwort_3=0  ja
Antwort_4=0  geht nicht

[14]
FZ1=Welcher Punkt liegt auf dem Graphen der Funktion  y = -3x +7 ?

Antwort_1=0  A (1/4)
Antwort_2=0  B (4/-1)
Antwort_3=1  C (4/-5)
Antwort_4=0  D (-5/4)

[15]
FZ1=Wer ist neben Frau Ullrich noch euer Lieblings-Mathematik-Lehrer?
Antwort_1=0  Herr Oben
Antwort_2=0  Herr Rechte
Antwort_3=1  Herr Linke
Antwort_4=0  Herr Unten